BEI GRIN MACHT SICH IHR WISSEN BEZAHLT

- Wir veröffentlichen Ihre Hausarbeit, Bachelor- und Masterarbeit

- Ihr eigenes eBook und Buch - weltweit in allen wichtigen Shops

- Verdienen Sie an jedem Verkauf

Jetzt bei www.GRIN.com hochladen und kostenlos publizieren

Sebastian Küx

Fließgewässer. Typen, Einzugsgebiete, Abflusskomponenten

GRIN Verlag

Bibliografische Information der Deutschen Nationalbibliothek:

Die Deutsche Bibliothek verzeichnet diese Publikation in der Deutschen National-
bibliografie; detaillierte bibliografische Daten sind im Internet über http://dnb.d-
nb.de/ abrufbar.

Impressum:

Copyright © 2013 GRIN Verlag GmbH
Druck und Bindung: Books on Demand GmbH, Norderstedt Germany
ISBN: 978-3-656-56332-7

Dieses Buch bei GRIN:

http://www.grin.com/de/e-book/266211/fliessgewaesser-typen-einzugsgebiete-
abflusskomponenten

RWTH Aachen

Geographisches Institut

Grundseminar: Physische Geographie

22.3.2013

Sommersemester: 2013

Hausarbeit

Fließgewässer: Typen, Einzugsgebiete und Abflusskomponenten

Sebastian Küx

Sebastian Küx

Inhaltsverzeichnis

1 Einleitung

Fließgewässer werden u.a. durch die Hydrologie bzw. der Hydrogeographie wissenschaftlich erforscht. Sie bilden den wichtigsten Grundpfeiler für den Transport von z.B. Regenwasser, welches hierdurch grundsätzlich zunächt in gebündelter Form zusammengefasst wird und entlang des Flusslaufs, mit dem Gefälle bis zur Mündung, in das Meer oder ein Binnengewässer fließt.

Fließgewässer sind in ihrer Genese und bei der weiteren Formung ständigen Veränderungsprozessen ausgesetzt, die zu sehr dynamischen, und bedingt durch die vielen natürlichen Wirkungsparameter, zu individuellen Formen führen können. Eine Typisierung ist daher zwingend notwendig, um im wissenschaftlichen Rahmen Zuordnungen und damit Vergleiche vornehmen zu können.

In dieser Arbeit werden die hauptsächlich zur Hydrogeographie gehörenden Aspekte des Fließgewässersystems, also die räumliche Verortung sowie ihre Raumwirksamkeit beleuchtet. Fließgewässertypen werden vorgestellt, ihre Einzugsgebiete sowie die Abflusskomponenten werden thematisiert, weitreichende physikalische Grundaspekte die zur Thematik der Hydrologie gehören, müssen daher aber außer Acht gelassen werden.

Nachdem die Fließgewässertypen vorgestellt werden, sollen die Abflusskomponenten und Einzugsgebiete näher erläutert werden, um hierdurch einen Eindruck über die ihnen zugrunde liegenden Wechselwirkungen zu bekommen. Im Anschluss daran wird im Fazit, eine Bewertung zur Typisierung gemacht.

2 Fließgewässertypen

Als Fluss wird jeder natürliche, in einer langgestreckten und einseitig geöffneten Hohlform der Landfläche fließende Wasserlauf bezeichnet, der umgrenzbare Flächen mit natürlichem Gefälle entwässert (Marcinek 1997:460/470).

Die bis zum heutigen Zeitpunkt aktuellste Fassung einer relativ allgemeinen und für die gesamte Bundesrepublik Deutschland geltende Fließgewässertypisierung, ist die Einteilung nach Pottgiesser und Sommerhäuser. Sie beruht auf Arbeiten von Schmedtje, welche nach der Einführung der 2000 in Kraft getretene EG- Wasserrahmenrichtlinie erarbeitet worden ist (Umweltbundesamt 2013:Kap. 1). Die allgemeingültige Fließgewässertypisierung hatte hierbei eher politisch induzierte Motive, als wissenschaftliche. Insgesamt wurden für die BRD im Jahre 2006, 25 idealtypische Gewässertypen erarbeitet (Umweltbundesamt 2013:Kap. 2.1). Die Zuordnung erfolgt ebenfalls anhand von Steckbriefen, die ein idealtypisches Gewässser wiedergeben, in denen auf morphologische Beschreibungen, physiko-chemische Leitwerte, Kurzcharakteristika des Abflusses, sowie eine biozönotischen Charakterisierung Bezug genommen wird (Umweltbundesamt 2013: Kap. 1). Die Steckbriefe werden laufend überarbeitet, falls neue Datengrundlagen verfügbar sind oder erhoben werden, daher befinden sich die Idealtypen in einem stetigen Wandlungsprozess, der auch zur Streichung oder Umtypisierung, z.B. in einen Subtyp führen kann.

Die derzeitigen Typen, räumlich nach Ökozonen geordnet sind (Umweltbundesamt 2013: Kapä. 2.1):

Typen der Alpen und des Alpenvorlandes:

Typ 1:
Fließgewässer der Alpen
Subtyp 1.1:
Bäche der Kalkalpen
Subtyp 1.2:
Kleine Flüsse der Kalkalpen
Typ 2:
Fließgewässer des Alpenvorlandes
Subtyp 2.1:
Bäche des Alpenvorlandes
Subtyp 2.2:
Kleine Flüsse des Alpenvorlandes
Typ 3:
Fließgewässer der Jungmoräne des Alpenvorlandes

Subtyp 3.1:
Bäche der Jungmoräne des Alpenvorlandes
Subtyp 3.2:
Kleine Flüsse der Jungmoräne des Alpenvorlandes
Typ 4:
Große Flüsse des Alpenvorlandes

Typen des Mittelgebirges

Typ 5:
Grobmaterialreiche, silikatische Mittelgebirgsbäche
Typ 5.1:
Feinmaterialreiche, silikatische Mittelgebirgsbäche
Typ 6:
Feinmaterialreiche, karbonatische Mittelgebirgsbäche
Subtyp 6_K:
Feinmaterialreiche, karbonatische Mittelgebirgsbäche des Keupers
Typ 7:
Grobmaterialreiche, karbonatische Mittelgebirgsbäche
Typ 9:
Silikatische, fein- bis grobmaterialreiche Mittelgebirgsflüsse
Typ 9.1:
Karbonatische, fein- bis grobmaterialreiche Mittelgebirgsflüsse
Subtyp 9.1_K:
Karbonatische, fein- bis grobmaterialreiche Mittelgebirgsflüsse des Keupers
Typ 9.2:
Große Flüsse des Mittelgebirges
Typ 10:
Kiesgeprägte Ströme

Typen des Norddeutschen Tieflandes

Typ 14:
Sandgeprägte Tieflandbäche
Typ 15:
Sand- und lehmgeprägte Tieflandflüsse
Typ 15_g:
Große sand- und lehmgeprägte Tieflandflüsse
Typ 16:
Kiesgeprägte Tieflandbäche
Typ 17:
Kiesgeprägte Tieflandflüsse
Typ 18:
Löss-lehmgeprägte Tieflandbäche
Typ 20:
Sandgeprägte Ströme
Typ 22:
Marschengewässer
potenzieller Subtyp 22.1: Gewässer der Marschen
potenzieller Subtyp 22.2: Flüsse der Marschen
potenzieller Subtyp 22.3: Ströme der Marschen
Typ 23:
Rückstau- bzw. brackwasserbeeinflusste Ostseezuflüsse

Ökoregion unabhängige Typen

Typ 11:
Organisch geprägte Bäche
Typ 12:
Organisch geprägte Flüsse
Typ 19:
Kleine Niederungsfließgewässer in Fluss- und Stromtälern
Typ 21:
Seeausflussgeprägte Fließgewässer
Subtyp 21_N:
Seeausflussgeprägte Fließ
gewässer des Norddeutschen Tieflandes (Nord)
Subtyp 21_S:
Seeausflussgeprägte Fließgewäs
ser des Alpenvorlandes (Süd)

Morphologisch wichtig ist die Kurzbeschreibung des Gewässers unterhalb des Steckbriefs, in der auch ein Beispielfoto eines "idealen" Gewässertyps abgebildet ist.

Hier wird auf Laufform und den Windungsgrad, Talform, Sohlsubstrat, Querprofil sowie zur Aue eingegangen (Umweltbundesamt 2013:Kap. 2.2).

Einen weiteren bzw. näheren Bezug zur Vorgehensweise insbesondere zum Abgleich mit den Steckbriefen, kann allerdings aufgrund der sehr Umfangreichen Abgleichungsmöglichkeiten an dieser Stelle nicht gemacht werden.

3 Einzugsgebiete

Marcinek definiert: „Als Einzugsgebiet oder Flussgebiet wird dabei die von einem natürlichen Wasserlauf entwässerte Fläche bezeichnet" (Marcinek 1997:461).

Einzugsgebiete werden grundsäzlich in zwei Arten eingeteilt: oberflächliche und unterirdische.

Wasserscheiden verbinden hierbei die höchst gelegenen Falllinien des Wassers miteinander. Diese bestehen bei oberiridischen Einzugsgebieten aus den Gefällslinien, die gen Tal konvergieren, sowie bei unterirdischen aus jenen der Grundwasseroberfläche, sowie der Abflussrichtung aus Kluft- und Karstwasser, das vom höchsten zum niedrigsten Punkt konvergiert.

Beide Arten können in ihrem Abfluss miteinander übereinstimmen, müssen dies aber nicht zwangsläufig. Eine Identifikation kann bei oberflächlichen Einzugsgebieten per großmastäbigen Karten sowie Luftbildern erfolgen, oder bei unterirdischen Einzugsgebieten, mit Hilfe von Farbstoffen, Salzen und Sporen, die dem Wasser beigemengt werden. Wasserscheiden lassen sich in groß- und kleinräumige Gebilde einteilen: Kontinentale Wasserscheiden trennen die Einzugsgebiete der Hauptabdachungen zwischen den einzelnen Ozeanen und die weiten Areale mit Binnenentwässerung voneinander. Lokale Wasserscheiden hingegen, begrenzen nur einzelne Flussgebieten voneinander.

Um bei einem Zusammenschluss mehrerer Fließgewässer einen Überblick über die Größe der Einzugsgebiete, auch aufgrund der immer stärkeren Verzweigung durch Nebenflüsse, zu erlangen, können *Flussordnungen* zur allgemeinen Orientierung verwendet werden. Bereiche gleicher Flussordnung werden als *Flussabschnitte* bezeichnet, diese können z.B. kleinere Zuflüsse beinhalten. Die *Flusstrecke* umfasst dagegen die gesamte Länge, ab der Quelle bis zur Mündung ohne Zuflüsse. Flussabschnitte können, aufgrund ihrer vergleichsweise guten Überschaubarkeit, in ein Ordnungssystem eingefügt werden. Allerdings dient die Flussordnung nur der bloßen Beschreibung, da sie ein dimensionsloser Parameter ist. In Abbildung 1 ist das klassische topologische Flussordnungsmodell nach Shreve und Strahler abgebildet.

Strahler geht in diesem Fall von einem unverzweigten, idealtypisch, aus einer Quelle entspringenden äußeren Flussstrecke aus, bei der die Ordnungszahl u=1 vergeben wird. Die nächst höhere Ordnungszahl wird nun durch Vereinigung von zwei Flussstrecken der ersten Ordnung erreicht. Hierdurch entsteht eine innere Flusstrecke zweiter Ordnung. Nach Shreve erfolgt analog dazu, nur eine (auf-) Addition der äußeren Flussstrecken, ohne Erhöhung der Ordnungszahl bei gleichen Ausgangsflussstrecken:

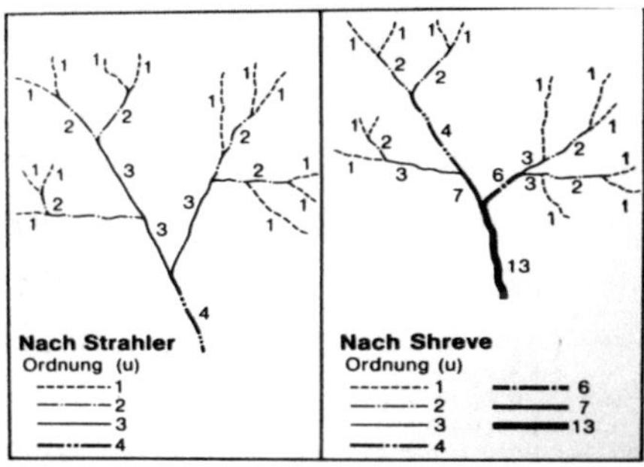

Abb.1: Prinzipien der Flußordnungsanalyse (Wilhelm 1997:24)

Um die Gestalt eines Einzugsgebietes näher zu bestimmen, kann auf einfachste Art, der von R.E. Horton entwickelte *Formfaktor* genutzt werden, um eine sehr vage Übersicht über die Ausdehnung des Fließgewässers zu bekommen. Hierzu wird die Einzugsgebietsfläche F_E in (km²), durch die Länge des Hauptflusses L_H in (km) dividiert. Die Gleichung lautet: $R_F = F_E/L^2_H$.

Ein weiterer Ansatz geht von Miller aus. Dieser entwickelte 1953 eine Berechnung zur *Umfangsentwicklung* (R_C), bei der, anhand eines flächengleichen Referenzkreises, ein Vergleich zwischen Einzugsgebieten hergestellt werden kann. Millers Gleichung lautet: $R_C = U_E/2\sqrt{F_E \cdot \pi}$ (Wilhelm 1997:20-25).

Aktuelle Methoden zur Einzugsgebietsbestimmung verwenden hingegen geographische Informtationssysteme, bei denen sehr viele Parameter beachtet werden können.

4 Abflusskomponenten

Damit es überhaupt zu einem Wasserabfluss aus dem Einzugsgebiet kommen kann, ist ein ausreichend hoher Niederschlag im betrachteten Raum erforderlich.

Der *Abfluss,* also die Gesamtheit aus einem Einzugsgebiet zusammengefassten Wassermenge, wird im Gerinneabfluss, ugs. "Fluss", zusammengefasst und von hier weitertransportiert (Strahler/Strahler 2009:537).

Der Niederschlag teilt sich dabei in Brutto- und Nettoniederschlag auf. Beim Bruttoniederschlag, wird die sog. Interzeptionsverdunstung, die eine Verdunstung auf der bewässerten Vegetationsoberfäche ist, sowie der Bodenevaporation, bei der eine Verdunstung von unbewachsenen Boden- und Gesteinsflächen stattfindet und der Transpiration, also der aktiven Pflanzenverdunstung, abgezogen. Verbleibender Niederschlag sammelt sich nun entweder an der Oberfläche und fließt dort ab oder inflitriert in den Boden. Das so in den Boden gelangte Wasser, trägt u.a. zur Neubildung von Grundwasser bei. Grundwasser ist ein Medium, das alle Hohlräume, also Poren und Klüfte ausfüllt, sodass eine vollständige "Sättigung" des Untergrunds gegeben ist und eine weitere Wasserbewegung nur noch durch die Schwerkraft nach unten erfolgen kann. Daher wird hier auch der Begriff: gesättigte Zone verwendet. Die ungesättigte Zone, weist dagegen noch eine Wasseraufnahmefähigkeit auf, sodass hier auch von der "Sickerzone" die Rede sein kann. Zum Oberflächenabfluss kommt es, wenn die ungesättigte Zone, geringdurchlässige Schichten die oberflächenparallel verlaufen, besitzt, die für eine geringe Wasseraufnahme sorgen. In diesem Szenario wird das Wasser mehrheitlich, oberflächennah transportiert und als lateraler *Hangwasserabfluss* bezeichnet. Der *Oberflächenabfluss* hingegen kann nur dann entstehen, wenn die Niederschlagsrate N_r (in mm/ min) größer als die maximale Infiltrationsrate ($I_{r,max}$ in mm/ min) ist. Dies ist dann gegeben, wenn die Bodenoberfläche durch Verschlämmung, sowie Aggregatzerstörung oder durch die vollständige Bodensättigung, verursacht durch starke Niederschläge usw., Verhindert ist (Zepp 2011:118-119).

Abbildung 2 verdeutlicht die unterschiedlichen Abflussmöglichkeiten:

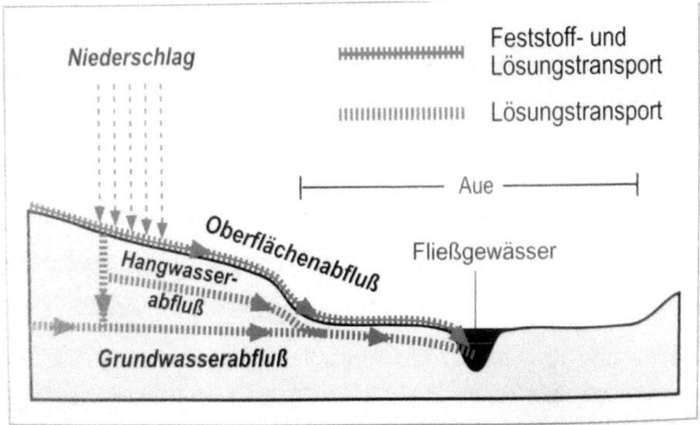

Abb.2: Fließ und Transportwege zwischen Hang und Fließgewässer (Zepp 2011:118)

Nachdem der Grundwasserabfluss, Hangwasserabfluss und Oberflächenabfluss nach einem Niederschlagsereignis in einem Fließgewässer gesammelt wird, muss dieser nun in seinem Gesamtausmaß beschrieben werden. Um einer Beschreibung gerecht zu werden, ist der Niederschlag zeitlich und in seinem Volumen (in m³/s) zu betrachten. Eine *Abflussganglinie* kann die o.g. Variablen in einem Schema vereint wiedergeben:

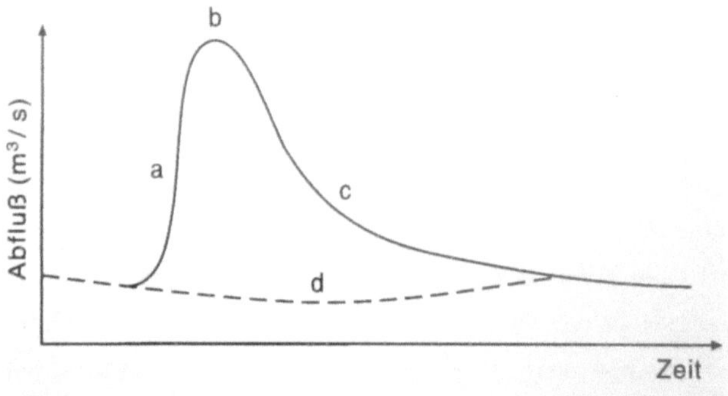

Abb.3: Schema der Abflussganglinie für ein isoliertes Niederschlagsereignis (Ahnert 2009:142)

Im Schema beschreibt Graph (d) den Basisabfluss, bei diesem das Fließgewässer ausschließlich durch Grundwasser gespeist wird, beim Niederschlagsereignis jedoch, erfolgt nun ein starker Anstieg der Abflussmenge (Graph a), der als *Hochwasseranstieg* bezeichnet wird. Infolge dessen wird Wasser in den Uferbereich exfiltriert, da der Flusspegel schneller als der Grundwasserpegel ansteigt, sodass hier der Zufluss in Richtung Fluss gestoppt wird. Nach einem sehr schnellen Anstieg des Abflussvolumens tritt, nach dem Erreichen des Hochwasserscheitels (b), der eher langsame Hochwasserabfall (c) ein. Der Hochwasserabfall verläuft aufgrund der nur sehr verzögerten Zuflussabnahme, durch die Größendimension des Einzugsgebiets und dem hierin gespeicherten Wasservolumen, nur mäßig schnell ab (Ahnert 2009:143). Allgemein ausgedrückt bewirkt ein großes Einzugsgebiet, eine starke zeitliche Abflussverzögerung (Strahler/Strahler 2009:541).

Die Abflussganglinie beschreibt jedoch nur ein isoliertes Niederschlagsereignis. Um jedoch über einen längeren Zeitraum einen Überblick zu erlangen, wird das *Abflussregime* (mittlerer jährlicher Abfluss) benötigt. Die Regime werden in ein einfaches, sowie ein Regime des ersten und zweiten Grades aufgeteilt und orientieren sich an der jährlichen Ausprägung ihrer Maxima. Das erste Regime ist das "einfachste", es besitzt lediglich ein jährliches Maximum welches z.B. durch eine einmalig jährlich auftretende Regenzeit entstehen kann. Das komplexe Regime des ersten Grades weist schon ein Haupt- und Nebenmaximum auf. Komplexe Regime des zweiten Grades sind typisch für lang ausgedehnte Flüsse, bei denen es viele unterschiedliche Einflussfaktoren in den jeweiligen Flussabschnitten gibt. Diagramme für Abflussregime beschreiben einen Zusammenhang zwischen relativen Monatsmittel des Abflusses und den einzelnen Monaten eines Jahres. Das *relative Monatsmittel* (Q_m) wird dabei als Quotient aus dem mittleren Abfluss des jeweils betrachteten Monats durch den mittleren Abfluss des Jahres dividiert. Die in Abbildung 4 gezeigten nummerierten Graphen bilden verschiedene Klimate ab, sodass ganz individuelle Abflussmaxima, bedingt durch z.B. einsetzende Schneeschmelze, im Frühjahr oder beginnende Regenzeit im Winter, über das Jahr hinweg entstehen können (Ahnert 2009:144-145).

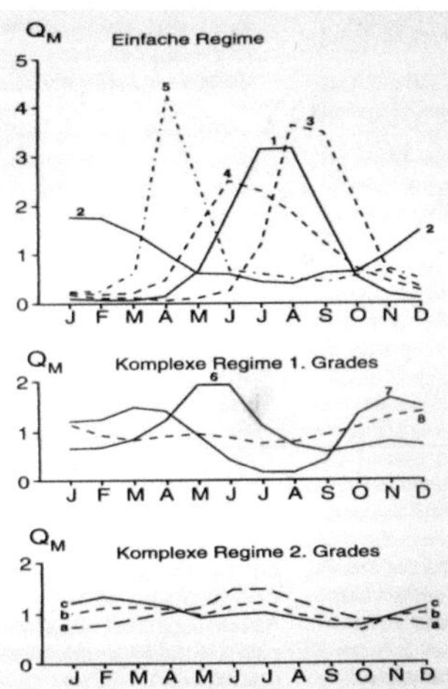

Abb.4: Der Jahresgang der relativen Abfluss-Monatsmittel versch. Abflussregimes (Ahnert 2009:144)

4 Fazit

Die Fließgewässertypisierung, ist eine durch viele Umwelteinflüsse schwankende Annäherung an die Realität.

Der Ist-Zustand eines Gewässers, kann nicht dauerhaft beschrieben werden und unterliegt ständigen Schwankungen. Sichtbar wird dies in der scheinbar sehr ungeordneten und unvollständigen Anordnung der Typisierung der Fließgewässer vom Umweltbundesamt. Es wird hieran deutlich, dass eine langfristige stabile Typisierung der Fließgewässer nur dann möglich ist, wenn eine ständige Datenabgleichung stattfinden kann. In der Anwendung würde dies, einen erheblichen Mehraufwand für Messungen vor Ort oder an den Messstationen bedeuten. Die im Hauptteil angesprochenen Einzugsgebiete beispielsweise, erfahren bedingt durch ihre Größe, eine sehr viel stärkere Umweltbeeinflussung, als viele Teile der Flussstrecke selbst und führen daher schon zu starken Veränderungen durch Schwankungen in ihrem Abflussvolumen. Durch das stark veränderte Ablussvolumen, wird dann als Kopplungseffekt, die Form Gerinnebetts des Flusses verändert.

Daher kann eine Typisierung keine perfekte Realität wiedergeben. Es ist lediglich möglich durch Messungsintensivierung, zu einer noch genaueren Realitätsannäherung zu gelangen.

Literaturverzeichnis

Wilhelm, F. (1997³) Hydrogeographie - Grundlagen der Allgemeinen Hydrogeographie.
Braunschweig: Westermann.

Strahler, A. H./ Strahler, A. N. (2009⁴) Physische Geographie. Stuttgart: Ulmer/ UTB.

Zepp, H. (2011⁵) Geomorphologie - Eine Einführung. Schöningh: Paderborn/ UTB.

Ahnert, F. (2009⁴) Einführung in die Geomorphologie. Stuttgart: Ulmer/ UTB.

Umweltbundesamt (2013): <
http://www.umweltbundesamt.de/wasser/themen/downloads/gewaessertypen/be
gleittext_steckbriefe_anhang.pdf> abgerufen am 21.3.2013.